實戰智慧館 451

QBQ!
問題背後的問題

QBQ! The Question Behind The Question

約翰・米勒（John G. Miller）著
陳正芬　譯

三十萬冊紀念版導讀

讓我想辦法解決這個問題

楊千（國立交通大學EMBA榮譽執行長）

《QBQ！問題背後的問題》是文字量不多的一本小書，作者經過長期的觀察，提出創造QBQ的三項基本指導原則，來確認一個人能夠養成負責任的習慣。如果我要將這三項原則濃縮成一句話，那麼應該就是「讓我想辦法解決這個問題」。如果我們自己以及部屬都將這幾個字刻在心裡，那麼許多灰色地帶的問題或推諉責任的問題就會大大減少。

我第一次帶產品經理部門時，並不知道我該負什麼責任，所以我就去請教現任明泰董事長的李中旺先生。我問產品管理部的責任是什麼？他的回答很精闢也簡單易記：「凡是沒有人做的事就是你的事。」

鴻海總裁郭台銘先生有一句名言，他說失敗的人都是找藉口，成功的人都是找方法。郭董事長創業的前三十年，他對成功的心得是「策略」、「決心」、「方法」這三部曲，這指的是要有贏的策略、必勝的決心以及可行的方法。經過三十年，他發現在目前複雜的競爭環境與龐大的組織裡，只有這三項是力有未逮的，所以他將成功三部曲改進為成功五部曲，加了「責任」與「權利」，因為一個系統達到一個規模或複雜度，沒有辦法全部靠系統的機械式運作，必須靠成員的責任感。當管理幅度愈大，就愈需要裡面的人有責任感。換言之，當裡面的人責任感愈大，我們的管理幅度就可以愈大。

林毅夫教授說過，一個團體人人都講責任，要比一個團體人人都講權益要來得有競爭力。這說明了一個組織裡要有人人負責任的重要性。

有了負責任的意願，就會逼出實踐的方法。多年前，學校圖書館週末只有工讀生值班，無法借還書。但學校裡EMBA或專班同學只有週末才來學校上課，的確造成不方便。於是我向當時的館長楊維邦教授反應，確保只要圖書館的大門是開著就可以借還書。只要原則確定、願意負起責任，剩下的就只是方法而已。同樣的道理，只要各系所有排課，相關系所的辦公室就要有人值班。

據說，張忠謀董事長剛到工研院擔任院長時，第一次開會發現有人姍姍來遲，有些人遲到十分鐘才進來；第二次開會一到會議時間，他就請同仁把門鎖起來，遲到的就進不來。從此以後，再也沒有人開會遲到了；張忠謀先生讓每個參與開會的成員負起不遲到的責任。

責任永遠比權力來得大、來得早。這也是張忠謀董事長所說的，當一個人勇於負責任，他會養成習慣，責任擔得愈多，權力就會跟著來。所以年輕人養成負責任的習慣是非常好的，真的是「命好不如習慣好」。

在管理事業的執行上，我們給部屬設定一個目標，期待他去完成。透過他對目標的完成度而給予對應的考績以及獎懲。這種目標式管理在近半世紀被廣泛使用，也相當有成效。若是能夠鼓勵同仁個個負責任、有當責的心態、有責無旁貸的中心思想，這樣子的管理方式就比目標管理要更進一層，算是透過價值觀來管理。而這個價值觀就是要為大家有共識的願景來各自負責。

所以，我們經常看到比較精明又有擔當的老闆們透過各種內部會議與幹部互動，將價值觀與主動解決問題的中心思想傳達給同仁。只要持續一致的以身作則、影響同仁，同仁就會逐漸感同身受。於是，遇到問題時比較可能在認知與擔當的心態上，慢慢地會直覺有「讓我想辦法解決這個問題」的習慣，這也正是QBQ的精神與目的。

三十萬冊紀念版推薦文一

問題，是知識的來源

謝文憲（知名講師、作家、主持人）

二〇〇四年我在外商服務，在某次業務主管會議中，總經理請大家閱讀《QBQ！問題背後的問題》一書，還請祕書團購一人一本。遠在澳洲的老闆知道這件事，還來電詢問閱讀心得，讓當時距離揭曉年度總裁獎只剩幾個月的我對這本書印象極為深刻，無論用中文、英文來談心得，印象都很深刻。

二〇〇六年我離職創業，隔年開發「清晰思考與分析」課程，裡頭的幾個重要觀念與問題的釐清都來自本書；隨後二〇一二年開發的「當責」課程，我甚至指定本書為課後延伸閱讀書籍。相信十餘年暢銷三十萬冊，我應該貢獻良多吧？

第一次閱讀本書至今已有十三年，這幾年，閱讀書籍陪伴我成長不少，這本書更是居功厥偉。

我想談談我看本書的三個收穫：

一、講課方面：談大道理無須用大道理，這本書用很淺顯的故事與案例，切入個人擔當與責任感這類無趣且容易淪為說教的議題，我很能接受作者的清晰觀點，輕易就被他的故事與案例說服。

二、寫作方面：我不敢說自己百分之百是受作者影響，但他寫作的方法對於我未來用文字論述議題、甚至出書都很有幫助，尤其是輕薄短小類的書籍與深入淺出的章節，如今一定格外受歡迎。

三、邏輯思考：我承認我是一個較感性的人，對於企業經營的洞察力，我自覺仍待學習。這本書帶我走進另一個思考的方位，讓我的思緒更全面、章法更周全。

「聽比問難，問比講難」，對我這類嘴巴跑得比大腦快的人，會說話，不如會問一個好問題。最近九年，我主持六年的廣播節目《憲場觀點》實境節目很需要發問與引導技巧；過往職業生涯十二年的業務經驗更需要問對問題，引導客戶需求，找到痛點，進而提出解決方案，獲得訂單或是成交機會。我認為，發問技巧是我畢生的重要能力之一。

如果您之前無緣接觸這本書，我誠摯向您推薦，尤其是和我有同樣性格的朋友們，您一定會得到比我更大的收穫，如果您夠年輕的話。

吸收大量知識，不如問對問題，包含：問自己一個絕妙好問題。

三十萬冊紀念版推薦文二

在組織中，沒有人是局外人

龔建嘉（鮮乳坊創辦人、獸醫師）

第一次看到《QBQ！問題背後的問題》這個書名，乍看之下還以為是個表情符號。讀完之後卻發現，這還真是能夠為每天的生活與工作留個肯定的表情符號。

還記得二〇一五年，當時我有機會到TEDx Taipei分享，在演講前看了許多相關的書籍和影片。其中有個紀錄讓我印象深刻：在TED演講中，提到「你」的次數比提到「我」高出許多，為的是讓聽眾能夠具體想像如何把聽到的故事應用在自己身上，並產生認同。有趣的是，這本書的結論卻恰恰相反。書裡提到，在組織的運作裡，需要的是主人精神。「個人擔當」這個貫穿全書的字眼，不是從「你」開始，而是從「我」開始。

我開始經營公司之後，每天都需要與許多不同的人交流，因而發現，「溝通」絕對是一個組織強大或成敗與否的重要關鍵。溝通是否有通到心裡或是產生鴻溝，常常取決於說話的立場。在平常的溝通過程裡，無論是對客戶、廠商或同事，很容易充斥著對於對方的要求，這個要求也包含了對於對方的期待心理；倘若期待落空，當然就可能伴隨著對於要求沒有完成的不滿，即使並非透過言語表達，失望的表現也會造成信任的下降。漸漸地，人與人之間的互動產生了距離，因為只要有期待，就容易受傷害，而這個期待是否落空的決定權則在對方手上，自己是沒有能力掌握的。

這本書給了我一個很好的反思：在溝通過程當中，我能怎麼做得更好？這讓我想到我們公司內有一位很受大家愛戴的領導者，由於她在進鮮乳坊之前並沒有任何領導團隊的經驗，我特別驚訝於大家對她的認同與信任。從旁觀察後發現，她的特質就是：很少責怪別人，並且從自己做起。而這正落實了QBQ的核心理念。

這本書的篇幅並不多，卻提到許多令人印象深刻的案例，說明了如何在不同的職位上從自己開始扮演主動的角色，畢竟現在社會中普遍充斥負能量，總是先檢討環境、檢討別人。此外，書中所提的「主人精神」、「個人擔當」，就是今天常說的「當責」精神，無論哪種說法，其真正的核心就是：每個人要為自己的思想、行為及其產生的後果承擔起責任。

回到二〇一五年的TED，我在講台上分享了鮮乳坊起源的故事，因為長期在酪農產業做醫療服務，每天和乳牛及酪農一起生活、一起工作，也看到了整個產銷制度以及醫療資源缺乏的問題，其實當時曾認真思考過，為什麼這個問題存在已久卻沒人解決？這是政府的責任？協會的責任？還是相關學校的責任？但重新反思後，有能力的人可能不懂這個產業，懂的人可能不願意，願意的人可能沒資源，這個問題也許永遠會存在，但我每天都實際生活在這個產業中，因此我決定從自己做起，透過群眾募資的串連來發動一場白色革命。

重新回想起來，大家當時覺得非常可笑，因為總會想著一個人的力量如此渺小，又何必自己去承擔？當然，如果大家都是這樣想，那麼就可以預見問題的擴大與進步的停滯了。我當時引用了艾瑪・華森（Emma Watson）在聯合國上演講的一段話：「If not me, who? If not now, when?」這也啟動了我從自身做起的重要里程。雖然當時我沒看過QBQ的觀念，今天回想起來卻特別有深刻的感受；我們無法改變其他人的想法，唯一能改變的，只有自己。

寫到這邊，再次重新看了這本書，每一次都有不同的收穫。希望自己能在看到任何問題時，先從問題去找答案。我們的生活、工作、家庭都在群體當中，每個組織可能永遠都不會是完美的，但，沒有人是局外人。

QBQ!
問題背後的問題

QBQ! The Question Behind the Question
——QBQ! 問題背後的問題

目錄

前言

做個有擔當的人

在休士頓的高速公路上，有面橫跨道路的高聳看板上寫著：

「個人的責任感何在？」

不知道是誰把它架在那兒，但它確實一語驚醒我這夢中人。說得完全正確。責任感何在？為什麼現在社會上許多人常做的，是把手指向別處，為自己的問題、行為和情緒而怪罪東、怪罪西？舉個例子：

有一天，我在加油站的便利商店想找一杯咖啡喝，當時咖啡壺是空的，於是我跟櫃檯後的先生說：「抱歉，沒咖啡了。」他指著距離不到五公尺的同事說：「咖啡歸她部門管！」

部門？在一個和我家客廳同樣大小的路邊加油站？

再舉個例子。某班越洋班機上，空服員透過對講機說道：「各位旅客，由於餐點部送錯片子，我們將無法為您播放原訂的影片，敬請原諒。」

披薩外帶店顯然漏掉了我們點的餐，我只好踱著方步等待，飢腸轆轆的家人則待在車上。就在此時，櫃檯後的年輕人出其不意地說：「嘿，別怪我，我才剛換班哩！」

我們常聽到「不是我的錯」、「不干我的事」或「不是我的問題」等類似的話語，我之所以覺得告示板像當頭棒喝，部分是因為心有戚戚，而另一個感想是，一定是有人對「責任感」的問題感觸良多，才會立塊看板抒發己見，並提醒大家。

我也是深有所感，才寫下這本書的。

本書是寫給曾經聽過下列問題的人看的：

「這工作該歸哪個部門負責？」

「他們怎麼不事先溝通好呢？」

「誰該為這些失誤負責？」

「我們為什麼得忍受這些改變？」

「什麼時候才有人來教導、訓練我？」

以上問題看似天真無邪，卻暴露個人缺乏責任感（其實我比較偏好「個人擔當」（Personal Accountability）[1]這個詞彙），並直指當今許多問題的核心。現在，動動腦筋，多問些與個人擔當有關的問題，才是改善組織、改進個人生活最有力也最有效的方法。

「問題背後的問題」（The Question Behind the Question, QBQ）是工

具，它經過多年的開發與去蕪存菁，透過改進問話的方式，幫助包括我在內的個人，發揮個人擔當的精神。

我從一九九五年起，開始針對這個觀念撰文並發表演說，如今獲得的共鳴更勝以往。幾乎每天都會有改善生產力、提高更佳的團隊精神、減輕壓迫感、關係更健全，以及提供顧客更好的服務等成功故事。

話雖如此，QBQ讓一般人最受用的還是與個人有關：一旦開始實踐QBQ式的思考方式，似乎會有漸入佳境的感覺，你將獲得更多的樂趣。選擇做個有擔當的人，生命將更充實、更愉悅。

所以說，如果你曾聽過前面列出的問題，如果你因為他人欠缺責任感而沮喪，甚至如果你從自身當中覺察到上述某些想法，那麼你一定要讀這本書。請慢慢領會書中的道理吧！

1 Personal Accountability 又稱「當責」。

QBQ 1

關於個人擔當

那是明尼亞波利斯市區美好的一天，我途經石底餐廳（Rock Bottom），想吃頓簡單的午餐。餐廳人山人海，趕時間的我，很慶幸搶到了一張吧檯邊的凳子，坐下幾分鐘後，有位年輕人端了一整個托盤的髒碟子，匆匆往廚房方向走去，他用眼角餘光注意到我，於是停下來，回頭說道：「先生，有人招呼您了嗎？」

「還沒有，」我說，「我只是想來一份沙拉和幾個麵包捲。」

「我替您拿來，先生。您想喝點什麼？」

「麻煩來杯健怡可口可樂。」

「對不起，我們只賣百事可樂，可以嗎？」

「啊，那就不用了，謝謝。」我面帶微笑說，「請給我一杯水加一片檸檬。」

「太好了，我馬上來。」他一溜煙就不見了。

過了一下子，他送來沙拉、麵包捲和水，我向他道謝，這次他又一溜煙不見了，留下我這位滿意的顧客享用著餐點。

突然間，在我的左側有陣騷動，一股「熱情的氣息」在背後鼓動著，然後一隻「服務的長手臂」越過我的右肩，送來一罐外表冰涼、內在沁心的——你猜是什麼——健怡可口可樂！

「哇！」我說，「謝謝你！」

「不客氣。」他微笑以對，立刻又趕到別處去忙了。

我的第一個念頭是：「把這傢伙挖過來！」不管多費事！他顯然不是平庸之輩。我愈是想到他做的那些額外的事，就愈想找他聊聊，於是當他注意到我的時候，我招手請他過來。

「抱歉，我以為你們不賣可口可樂？」我問。

「沒錯，先生，我們不賣。」

「那這是從哪兒來的？」

「街角雜貨店，先生。」

我驚訝極了。

「誰付的錢？」我問。

「是我，才一塊錢而已。」

聽到這裡，讓我對他的專業產生深度思考，我原本想說的是「真酷！」，但實際上卻說：「少來了，你忙得不可開交，哪有時間去買呢？」面帶笑容的他，在我眼前似乎變得更高更大。「不是我買的，先生。我請我的經理去買的！」

我簡直不敢相信。這不就是「權力下放」的觀念嗎？我猜每個人都希望看著自己的「老闆」，說道：「幫我弄杯健怡可口可樂來吧！」多棒的畫面呀。但是更進一步想，他的所作所為，正是「個人擔當」與「問題背後的問題」的最佳寫照。我們會在接下來的幾章中詳細探討QBQ，但此刻先來看看這位服務生的思考方式，以及他做的決策。

當時是中午尖峰時段；他已經忙不過來。但是，他注意到一位顧客好像必須招呼，於是決定盡力幫忙，即使這位客人並不在他的服務轄區內。我當然不曉得他當時在想些什麼，但許多人在面對類似狀況時想到的是：

「為什麼每件事都該我做？」

「到底是誰負責這區域？」

「要等到什麼時候，管理階層才會提供更多商品？」
「為什麼老是人手不足？」
「顧客要到什麼時候才學會讀菜單？」

類似的想法與感受是情有可原的，尤其在沮喪時更是如此。然而，以上的問題全都不可取，不僅負面，又無助於改善現況。在本書其他篇章，將把這類問題歸為「錯誤問題」或「爛問題」，原因是提出這些問題既不正向，又缺乏行動力量。這些問題也與「個人擔當」的精神背道而馳，因為每個問題在在暗示某人或某事應該為問題或狀況負起責任。

然而不幸地，這些問題往往最早進入人的念頭中，可悲的是，在遭逢沮喪或某種挑戰時，一般人往往先產生負面和防衛的反應，這時最先出現腦海的，會是「錯誤問題」。

往好處想，沮喪時刻也是立功的大好機會，而ＱＢＱ恰巧能幫大家好好把握這些機會。當腦中浮現「錯誤問題」，我們可以選擇接受（「對呀！到底要等到什麼時候，才能獲得更多協助？」），或是選擇拒絕，並提出更好、更有擔當的問題，例如：「我該如何改變現狀？」以及「我該如何盡自己的力量，來支持我的團隊或組織？」

總而言之，ＱＢＱ的精髓是：

藉由提出更好的問題，當下做出更好的抉擇。

那位服務生正是如此。他沒有提出「錯問題」，因此沒有被眼前的狀況引導到負面去；相反地，他在當下便整理自己的思緒，做出更好的選擇、提出更好的問題。撇開用字遣詞不談，他的行為清楚地表現出那是有擔當的思維，例如：「我如何能幫上忙？」以及「我如何為你提供更好的服務？」而改變一切的，正是他的選擇。

離開餐廳之前，我給了他一筆「不算小」的小費，我和其他人一樣，把找來的二十五分錢放在吧檯上。（騙你的啦，其實我放了幾塊錢的小費。他真的當之無愧。）

幾個月後，我回到那家餐廳。當我問到「我最喜歡的服務生，雅各・米勒」（我喜歡他的姓氏）時，老闆娘說：「抱歉，先生，雅各已經不……」

我馬上想：「天哪！你們竟然留不住我的貼身服務員？你們留不住一位會注意顧客、心想『現在我能為你提供什麼服務？』的人？」我真不敢相信他們竟然放他離去。

但我什麼也沒對老闆娘說，只是打斷她的話：「天哪，你們留不住他嗎？」機靈的老闆娘答道：「喔，不是啦，先生，我們沒讓他走，而是讓他升任管理職位了。」

我的第一個念頭是：「管理職位？真是浪費人才！」（如果你是管理者，想笑儘管笑吧。）

其實，在了解雅各的思維方式後，我對他能如此快速朝向既定目標前進並不意外。這也正是個人擔當所造就的不同之處——到頭來每個人都是贏家：顧客、同事、組織、每個人。

至於雅各本人呢，撇開小費與升遷不談，我不由得想到在雅各做了更好的抉擇、提出更好的問題並做個有擔當的人之後，最大收穫其實是他對自己的觀感。

QBQ 2

做更好的抉擇

搬到丹佛市不久，我們就發現一種以前從未見過的東西：羊頭草。它是一種惱人的帶刺植物，生長在這一帶，外型像山羊的耳朵、犄角和鼻子。羊頭草以犄角朝上的方式掉落地面，萬一不幸踩到，或者被腳踏車輪胎輾過，可真是大大掃興了。

事實上，自從搬到西部的幾年來，我們更換腳踏車輪胎的次數，比住在上中西部的所有時間還要多，即使是輪胎最厚的登山腳踏車，認真的騎士也會為了羊頭草而採取多重防護措施。

每一天，在來到個人與職業生涯中未曾探索過的荒原時，我們通常有無數多個選擇要做。而我們選擇什麼呢？不是下一個行動，而是「下一個想法」。

選上「錯誤想法」等於是落入情緒的羊頭草中，結果是責怪、抱怨與拖延；相反地，「對的想法」賦予我們更豐富、更快意的人生，讓我們做出更有力量的決定，也連帶產生尊嚴與成就感。

QBQ的基本概念是，每個人都有自由做出更好的決定，並且為自己的決定負責。

有時人們自以為別無選擇，因此說出「我不得不」或「沒辦法」的話來，殊不知任何人永遠都有選擇的餘地。永遠。即使決定「不」選擇，也算是一種選擇。有了這番認知，並為自己的選擇負起責任，生命中美好的事物將離你不遠了。
你想遠離羊頭草，讓美好的事物降臨嗎？
請做更好的抉擇。

每一天，在來到個人與職業生涯中未曾探索過的荒原時，
通常有無數個選擇要做，不是選擇下一個行動，而是下一個想法。

QBQ

3 問更好的問題

現在，我們來談談實踐「個人擔當」的工具：QBQ。

「問題背後的問題」建立在一項觀察上：每個人在第一時間，往往會做負面的反應，因此腦海中浮現出「錯誤問題」或「爛問題」。但是，如果能在每一個抉擇的當下修鍊自己的想法，看到原始問題的背後意涵，再提出更好的問題，那麼問題本身將引導我們獲得更圓滿的結局。

QBQ的指導原則之一是「答案就在問題之中」，換句話說，提出更好的問題，就會獲得更好的答案，因此QBQ的精神就是「提出更好的問題」。如何分辨問題的好壞呢？比較好的問題，究竟「長」什麼模樣？

本書將幫助讀者分辨並提出比較好的問題。對初學者來說，以下是創造QBQ的三項簡單指導原則：

一、以「什麼」或「該如何」這兩個詞來發問，而不是「為什麼」、「什麼時候」或「誰」。

二、包含「我」字在內，而不是「他們」、「我們」、「你」或者「你們」。

三、把焦點放在行動上。

比如說，「我能做什麼？」就是最佳範例，這句話以「什麼」這個詞來發問，包含「我」字在內，並將焦點放在行動上。「我能做什麼？」說得簡單，但可別被它的簡單給騙了。QBQ就像寶石，由許多切割面所組成，在接下來的幾章中，我們將探索這些切割面，看看QBQ的發問方式，將對你我的生活造成多大的影響。

QBQ 的指導原則之一是「答案就在問題之中」，
因此，只要提出更好的問題，就會獲得更好的答案。

QBQ

4

別問「為什麼？」

你聽過下列的問題嗎？

「別人為什麼不認真點？」

「這種事為什麼落到我頭上？」

「為什麼他們要為難我，讓我沒法好好做事？」

大聲把問題說出來。說出問題後，你的感覺如何？當我說出這些問題時，感覺自己像受害者般的軟弱無力，用「為什麼是我」的語氣發問，等於是在說：「我受到周遭的人事物所陷害。」這種想法不太具有建設性，是吧？但我們卻經常掛在嘴邊。

（請注意：這裡探討的，不是運用「為什麼」來解決問題或者進行銷售訓練，儘管那些都是有用而且適切的方法。我們提出的，卻是以「為什麼」這個詞發問的問題，它們帶有「我是受害者」的語氣與心態，讓人一聽就把你歸類為典型的可憐蟲。）

任何人都可能掉進「為什麼」的陷阱。有一次，我問一位部門經理，有多少人為他工作，他說：「大概半個人吧！」雖然是句玩笑話，但是像他這類的管理者，無疑會提出錯誤的問題來，像是：「為什麼我總是找不到好員工？」「為什麼現代的年輕人不想工作？」「為什麼我得不到上級長官的進一步指示？」

以上都是「受害者心態」的思考方式，在我們的生活周遭老早就充滿著這種思維了。

有一次我搭長途飛機，旁邊剛好坐了一位五十五歲左右的男士，我們互相自我介紹，先從一些客套話開始，像是：「你飛到哪兒？」以及「請問在哪高就？」原來他在亞斯班附近還擁有一棟屋子，剛從那兒度完二十一天的滑雪假期回來。「哇！」我心想，「在亞斯班度假二十一天，這傢伙的口袋裡肯定『麥克、麥克！』」他接著說他住紐約市，在華爾街上班。你猜他做哪行的？不是股票營業員，而是專攻個人傷害訴訟的律師。

當他問我從事哪一種行業時，我順口說了一個簡單的回答：「寫作、演講。」「哦，真的？」他說，「你都在講些什麼？」我考慮了一下，心想：「有什麼不能說的？」於是回答，我一直在倡導「個人擔當」的觀念，同時心裡納悶地想：他是否看出其中的諷刺和幽默的地方。我們面面相覷了好一會兒，他有點坐立不安的樣子，最後我為了澄清，又說：「其實我是在幫助包括我在內的每個人，除去生命中的『受害者想法』！」他想必是聽懂了我的話，因為他後來便起身走動，從此我們再也沒說有一句話。

我對他這個人或他的職業完全沒意見，在這不斷問「這種事為什麼落到我頭上？」的文化中，他只是在滿足這方面的需求罷了，然而在對當前的病態搖頭嘆息時，可別忘了社會是由你和我在內的個人所組成，因此如果想擺脫周遭的「受害者想法」，最好先從自身做起。

QBQ的第一項指導原則是：QBQ必須以「什麼」或「該如何」發問，而不是「為什麼」、「什麼時候」或「誰」。再看一遍本篇一開始的三個「為什麼」問句，想想如果改用以下問題取代，情況會是怎樣：

「我今天該如何把分內工作做得更好？」
「我能做什麼來改善現狀？」
「我能運用哪種方式，作為別人的後盾？」

任何人都可能掉進「為什麼」的陷阱，但在對當前病態搖頭嘆息時，
別忘了社會是由你我在內的個人組成，
如果想擺脫「受害者想法」，最好從自身做起。

QBQ

5 受害者心態

我收到一位男士的電子郵件，說他在過去十年的軍旅生涯中，每當問題發生時，唯一可接受的回答是：「責無旁貸，長官！」他接受它、相信它並奉行不悖。

當他褪去軍服，回復平民身分，開始為某大食品公司擔任區經理時，表現得卻不如公司預期，他對自己也不甚滿意，就在接受公司內部舉辦的個人擔當與QBQ訓練前夕，他到上司面前問了以下問題：

「你為什麼不多給我一些時間？」

「你為什麼不多指導我？」

「我們為什麼不能更有競爭力？」

「我們為什麼做不出一些新產品？」

「行銷部為什麼不給我們更多支援？」

電子郵件的結尾說：「在學過QBQ以後，我突然領悟到在這棄軍從商的短短數年間，我已經變成自己最痛恨的『受害者』了。」如果這位男士在與「責無旁貸，長官！」朝夕相處了十年後，竟然還是落入「受害者」的想法，也難怪每個人都得提防「受害者」進入自己的生命中了。

QBQ

6

為什麼找上我？

壓力是一種選擇。你相信嗎？有些人說什麼也不信。他們認為把自己壓得喘不過氣來，是生活中正常的事，像是管理階層、同事、顧客、老闆、交通、天氣、市場狀況等等。不過，這個想法錯了。

的確，人有旦夕禍福。經濟惡化、事業艱困、股市崩盤、工作丟了、周遭的人朝三暮四、沒趕上期限、計畫失敗、好員工留不住。生命中淨是這些。

儘管如此，壓力還是一種選擇。無論壓力因何而起，你我永遠能選擇自己的回應，選擇憤怒以對，或是壓抑情緒做個悶葫蘆，更可以選擇擔心。（有一位客戶在辦公桌上立個牌子，上頭寫著：『我經歷過許多問題，有些的確發生了！』）

不同的人對相同狀況會做出不同的反應。所以我說，壓力是一種選擇。

壓力也是選擇的結果。當我們選擇問「這種事為什麼落到我頭上？」時，會覺得自己毫無掌控的權力，於是引導我們進入一種壓力巨大的受害者心態，就算我們真的是受害者，情緒也似乎很正當，但是「為什麼找上我？」的想法，只會使壓力愈來愈大。

QBQ

7 我怎麼會碰到這麼倒楣的事？

十二歲那年的某個禮拜天午後，史黛西和飛行員老爸登上了賽斯納（Cessna）單引擎飛機，享受飛行的樂趣，升空後不久，就在密西根湖上方一哩處，這趟愉快的父女探險戛然而止——引擎熄火了。

老爸轉頭看她，用一種平靜、讓人放心的口吻說：「親愛的，引擎不動了。我得用不同的方式開這架飛機。」好一句有趣的話：「用不同的方式開這架飛機。」

她的父親知道，一旦出現新挑戰以及狀況改變，往往必須採取不同的策略，狀況改變是如此，市場改變、人的改變也是如此。今天某種做法奏效，明天不見得還管用，因此我們必須發展一整套回應的劇碼，以便在引擎意外失靈時派上用場。

為了重新發動引擎，他們需要更高的對空速度。史黛西的父親跟她說，他在駕駛飛機向下飛的時候，會一面敲擊機艙按鍵（她一邊講，這時我腦海中浮現的是「衝進深邃冷冽的密西根湖」的畫面），史黛西懂了，也感受到重力的影響，她立即點頭同意爸爸的做法。（這可不必上呈總部，交由委員會定奪——這個詞老是讓我想到所謂的矛盾修辭法。）

父親讓飛機進入俯衝狀態，並拚命按著開關，可是情況依舊。飛機愈來愈接近水面。他說：「史黛西，抓牢嘍！我們再試一次吧。」他們再度俯衝。隨著飛機速度逐漸加快，父親再次猛按開關，這次引擎點火了，先是一點象徵希望的火花，最後終於發出令人安心且熟悉的轟隆巨響。

二十分鐘後，他們安全著地。就在那時，這位「泰山崩於前而面不改色」的傢伙，這位「天不怕、地不怕」的父親，這位無所畏懼的大丈夫，轉頭看著他十二歲的女兒，慈愛地輕拍她的肩膀，說道：「聽好啦，小甜心，你愛做什麼都行，就是別告訴你媽！」

我愛極了這個故事。不單是它的戲劇性與幽默，也因為故事中提到了處理變局的方式。

在面臨新的狀況時，史黛西的父親以行動解決問題，如果他抗拒改變，把時間花在發牢騷與抱怨上面，心想「我怎麼會碰到這麼倒楣的事？」或是「為什麼我們得經歷這些改變？」的錯誤問題，結局可能大大不同。

你正面臨改變嗎？最近你的生活中有任何窒礙難行的狀況嗎？如果答案是肯定的，提出個正向的問題吧。「我該如何適應這多變的世界？」才是有用的問題。

QBQ

8 他們為什麼不溝通好呢？

過去多年來，我在多次工作坊中，曾一再目睹以下的場景。我先問：「你的組織正面臨哪些重要議題？」一般而言，答案不是變化或競爭，而是「溝通」。然後對方會問：「他們為什麼不溝通好呢？」

事實上，溝通不僅意謂著自己被對方了解，也包括了解對方。QBQ是：「我該如何更了解對方？」

了解了嗎？

溝通不僅意謂著自己被對方了解，
也包括了解對方。

QBQ

9

別問「什麼時候？」

「他們什麼時候才要解決這問題？」

「顧客什麼時候才會回我電話？」

「我們什麼時候才能獲得決策所需要的資訊？」

當我們問「什麼時候？」，表示別無選擇，只能在一旁乾等，把行動推遲到未來。所以，問「什麼時候？」的問題，終將導致延宕。

我相信多數人其實無意拖延。當然沒有人會一大早起床，便說：「我今天的目標是拖延！」（就算拖延大王想這麼說，還是會拖到明天再說。）但拖延是個難纏的問題，我們把某件事拖到晚點再做，然後再晚一點、再晚一點，等赫然發現時，該做的事已拖無可拖，以致釀成嚴重問題。

你的人生中有任何拖延的情形嗎？人們多半會毫不猶豫地承認，「拖延」確實是個問題。如果拖延是多數人的問題，也會是多數組織的問題，後果呢？延宕該做的事情，表示失去了寶貴的光陰，也犧牲了生產力；團隊可能無法朝目標前進；期限被錯過等。

一位客戶曾說過：「遠大眼光與策略規畫都是很棒的工具，但是我們更必須在午餐前完成這些事情！」

拖延也會使壓力上升。事情愈積愈多時，我們開始感覺到難以招架，於是剝奪了工作的樂趣。說穿了，拖延讓每位相關人士損失不貲。

既然如此，我們為什麼又明知故犯呢？確實有些值得深究的理由。老實說，我比較喜歡談解決的方法。其中一種方法，就是停止問那些向外推託責任的問題，也就是「什麼時候？」這類的問題。相反地，我們應該問的QBQ是：

「我能提供什麼解決方法？」

「我如何以更有創意的方式接觸客戶？」

「我該如何取得決策所需要的資訊？」

請記住：答案就在問題之中。

停止問「什麼時候？」的問題，
應該問的 QBQ 是：「我能提供什麼解決方法？」
請記住：答案就在問題之中。

QBQ

10 都是拖延惹的禍

我決定送掉一張舊的大型木書桌，桌上覆蓋了一片零點六公分厚、一點五乘一公尺見方的透明玻璃，新主人不想要那片玻璃，於是當我們在某個星期六的大清早將書桌運到他的卡車上時，就隨手把玻璃立在車道旁、籃球架的柱子邊。

朋友把書桌運走前，提醒我說：「你最好把這片玻璃擺在比較安全的地方。」我大聲回答：「我會的！」但我沒有。我看著那片玻璃，告訴自己待會兒一定要處理。之後我一下忙著修剪樹枝、一下清理車庫，但每次只要走過那片玻璃，我就告訴自己，應該在它被撞破前移走，然而我只是一直想：待會、待會。

一天下來，我們一家人決定出去吃晚餐。當車子倒出車庫時，內人凱倫說：「我們不是應該把這片玻璃放在比較安全的地方嗎？」你一定曉得我怎麼回答她的。

幾小時後，我們乘著暮色回家，大夥全都直奔屋內。這時我看到一把小型修草剪子被擺在街燈下、靠近人行道隆起的地方。我對九歲的兒子邁可說：「邁可，可不可以請你去把剪子拿來，幫我放回車庫裡？」於是，他跑往剪子的方向，我朝屋子走去。

那是個安靜無聲的禮拜六夜晚，直到寂靜被我從未聽過的慘叫聲劃破——我聽見一大塊玻璃被撞碎的巨大聲音。

我立刻意識到情況。我也知道原因。我衝出車庫，發現邁可仰天躺在車道，肚子上有好幾百片碎玻璃，有些長度超過三十公分。我抱著嚎啕大哭的他跑到屋前陽台，在燈光下檢視他的傷口，心裡已經做了最壞的打算。

但是，我簡直不敢相信自己的眼睛：竟然連一點擦傷都沒有！實際情況是，邁可跑著跑著便撞上玻璃，在玻璃摔落人行道的剎那，他剛好跌在那上面，可是身上竟然毫髮無傷。我們的慶幸之情溢於言表。

為什麼會發生這起事件呢？因為拖延。我明明知道應該把那片玻璃搬走，而且這麼做根本花不了幾分鐘，但是我拖延不做，直到差點釀成一場大災難。

讓我們在事情還不嚴重時，就把它處理掉吧！

拖延不做，往往可能釀成大災難。
在事情還不嚴重時，就把它處理掉吧！

QBQ 11

在現有資源下闖出成就

許多人都聽過這麼一句俗語：「創意是跳脫框架思考。」這句話頗有道理，但是我認為真正的創意應該是：

在框架之內成功。

正中標的、達成目標、把工作做好並改變現狀，這就是QBQ的作風。每個組織的制度都不完美，資源也有限，或許我們希望能擁有更新的工具、更完善的制度、更多的人手，以及更高的預算，但花太多時間思考想擁有的事物，卻是造成拖延的另一個原因。舉例來說，管理者要等到「所有適當的人選就位」，才願意把團隊建立起來；個人也要等到一切資訊準備妥當才來做決策，或是等到所有問題都有答案之後才肯付諸行動。

弔詭的是，在現有條件下成功，反而更可能實現一開始的願望。來聽聽國農保險公司（State Farm Insurance）的韋伯（Deb Weber）的智慧話語：「我發現，每當我利用現有條件完成事情時，反而獲得更多奧援。」所以，「要怎麼收穫，先怎麼栽」真是千古不變的道理。

一味將注意力放在不存在的事物上，只是徒然浪費時間與精力。如果想要改變現況，反而應該努力在框架之內成功。讓我們問個QBQ：「在現有的資源下，我該如何闖出一番成就？」

QBQ

12 如何運用聽來的知識？

推銷可能是一種困難的職業，但並不複雜。只要勤練基本功，像是：早起、和潛在顧客聯繫、讓客戶相信產品和服務的價值，以及追蹤後續發展，這樣成功的機率就比較大。

不過，我數不清有多少次，業務員會問道：「米勒，我修過初級銷售技巧的課，那接下來呢？」猜我怎麼回答？啥都不必上！問題不在於欠缺新點子，而是不了解「舊點子依然有用」的事實。

以上論點可能不符合每五分鐘改變一次的科技業，但是如果談到組織與生命的基本原理，老東西才是好東西。

在「老毛病得慢慢解決」的理由下，我們的組織在九十天內頻頻引進「藍計畫」、「紅計畫」和「綠計畫」，希望它們能多少改變現狀。然而，我們不需要「新」事物或「熱門」話題，我們只需要日復一日地練習「個人擔當」這類基本功。

「什麼時候能聽到新訊息？」是個錯誤的問題。正確的問法是：「我如何運用自己聽來的知識？」即使這些知識早就聽過了。

QBQ

13 少責怪別人

「誰的錯？」

「誰沒有在期限內完成？」

「誰的失誤？」

在問以上「誰」的問題時，我們其實是在找代罪羔羊，找個責備的對象。在目前談到的所有觀念中，「責備」是最普遍而且最容易產生不良後果的。請看下頁的圖，雙臂交疊、手指別人的樣子，我稱它為「企業的招牌動作」。如果有組織想用某個標誌來象徵他們，這幅圖經常派得上用場。

有一次，我坐車從猶他州的雪鳥滑雪度假村到鹽湖城機場的時候，與司機聊了起來，結果發現他還身兼這家運輸公司的業務經理。當話題來到「責怪」的時候，他說：「喔，我們公司充斥著一大堆的責怪哩！」

「真的？」我希望他繼續說。

「是啊，」他說，「接待小姐責怪接駁人員，接駁人員責怪司機，司機責怪業務，業務又怪到我頭上……」

我打岔道：「貴公司有幾個人？」

「十二個。」他說。

十二個人！可見，玩責怪的遊戲是不需要很多人的。

企業的招牌動作：
責怪別人的手勢

從最小的團體到最大的企業，從最基層的群眾到全世界最有權勢的人，一種名叫「責怪」的瘟疫正蔓延開來，幾乎無人得以倖免。執行長責怪副總裁，副總裁責怪經理，經理責怪員工，員工責怪客戶，客戶責怪政府，政府責怪人民，人民責怪政客，政客責怪學校，學校責怪家長，家長責怪青少年，青少年責怪爸爸，爸爸責怪媽媽，媽媽責怪她的經理，經理責怪副總裁，副總裁責怪執行長，沒完沒了。以上是所謂的「責怪鏈」，正因為它如此真實，因此帶有一些滑稽的成分在內。

責怪以及問「究竟是誰搞的鬼」，這對解決問題於事無補，反而製造恐懼、摧毀創造力，在人與人之間築起高牆。人們不藉由腦力激盪與團隊合作把事情做好，反倒激烈地指責而一事無成。除非停止交相指責，開始實踐個人擔當，否則絕不可能發揮最大的潛能。

「我該如何解決問題？」
「我如何盡自己的力量推動這項計畫？」
「我該做哪些事，來一肩扛起眼前的成敗責任？」

試著改問這些問題，而不是用本章一開始的「誰」問法，然後看看你能多快斬斷組織中的「責怪鏈」。

一味的責怪對解決問題於事無補，反而製造恐懼、摧毀創造力，
在人與人之間築起高牆。

你已經焦頭爛額了，主管還是分配了很多工作給你。
面對現狀，你會如何改變與適應？

你常問「為什麼」、「什麼時候」、「誰」嗎？

套用QBQ的精神，你覺得自己可以怎麼問？

QBQ 14

爛水手責怪風向

不知道你有沒有聽過一句俗話：「爛水手責怪風向」？還有「爛工匠責怪工具不好」，或是「爛教練責怪球員差」？讓我們進一步探討這個觀念，再玩點有趣的遊戲：

爛老師責怪＿＿＿＿

爛業務責怪＿＿＿＿

爛父母責怪＿＿＿＿

爛經理責怪——

爛員工責怪——

爛青少年責怪——世界！

有擔當的人責怪誰呢？誰都不怪。包括自己在內。

QBQ 15

我們全在同一個團隊裡 2

「真的？」我說，「貴公司沒有『我們／他們』症候群嗎？」營運副總裁凱文搖頭微笑。「沒有發生過跨職能的摩擦？沒有『營業單位對上總公司』、『管理者對上員工』的心態？沒有『我們／他們』症候群?!」我才不信。如果真是這樣，那將會是我見過第一個沒有這類問題的組織。

「沒有，」他不自然地笑了笑。「這裡並沒有『我們／他們』症候群，可是有『我們對抗他們』的問題！」

凱文頗能自得其樂。「當然嘍，」他的笑話暗示著，「我們當然有『我們／他們』症候群，可是哪個組織沒有呢？」

我遇到另一位高階主管說得更露骨：「米勒啊，我可以用幾個字歸納所有問題，那就是：『遮遮掩掩、文過飾非』。」

你的組織是否有會計、銷售、製造、行銷、研發、營運、行政、企業總部或營業單位之類的擋箭牌？你聽過有人聲稱「這不干我的事」，而公司的內幕屏障也愈來愈高、愈來愈強大，乃至無可動搖？有一家公司營業部門的業務單位稱企業總部為「扯後腿俱樂部」。後來，我打電話詢問一筆過期的訂貨時，聽見一位在精品郵購公司負責客服的員工說：「什麼？運送部又擺了我們一道？」我們？她以為自己身

2 原文為Silo，原本指用來貯存穀物的穀倉，在商業上延伸為一個公司或組織因為過度分工，造成各個部門各自為政、互不流通，就像高而封閉的「穀倉」。

在哪個團隊啊？

即使組織投注時間及資源來建立團隊精神，我們似乎仍忘記一項簡單的事實：我們全在「同一個」團隊裡。每一天，我們都會見到不同的團隊、部門、區域以及個人，因為彼此的交互目的而共事。我們所謂的「團隊」，因為「別人」不「把分內事情做好」而爭吵抱怨，這種區隔與對抗，只會內耗組織的生命力。好比騎著雙人腳踏車的兩個人，卻各自朝著不同的方向前進，即使費力踩了大半天，依舊在原地空轉。

在競爭者每天處心積慮想擊敗我們的情況下，還有閒工夫來扯彼此的後腿嗎？讓我們從自己的擋箭牌中爬出來，把「我們／他們」的想法拋諸腦後。

請記住：我們全在同一個團隊中。

在競爭者眾的情況下，我們沒有閒工夫來扯彼此的後腿；
只要記住：我們全在同一個團隊中。

QBQ 16

擊敗你生命中的裁判

我的父親吉米・米勒在康乃爾大學擔任摔角教練長達二十五年。當他終於讓我披掛上陣時，不斷提醒我要擊敗三個人：我的對手、我自己以及裁判。

擊敗對手的道理顯而易見，而擊敗「我自己」的意思，則是克服任何運動員內心自然產生的恐懼感。父親對擊敗裁判的解釋則是：「無論雙方的實力多麼接近，即使你在加賽時輸了一分，即使他做了幾次有問題的判決，你還是不能責怪那位身穿黑白條紋的人。」於是，父親的結論是：「如果想贏，就得厲害到能擊敗裁判！」

厲害到擊敗裁判。這意思是說：身為業務員，要有足夠的成熟度說：「我的業績不如人。」而不是抱怨產品、價格以及沒打廣告；身為團隊成員，絕對不能說：「為什麼別人不盡本分呢？」身為經理人不能抱怨：「我的屬下為什麼這麼被動？」一般員工更不能抱怨管理階層：「他們為什麼不告訴我們實情？」

什麼人是你生命中的裁判呢？有哪些無法控制的人與狀況阻礙了你成功？是因為管理者管太多，以至於你很難把事情做好？還是因為組織的制度沒有效率，浪費了許多時間？要不就是個人狀況使得你心力交瘁？

無論我們試圖成就什麼，總有某些障礙亟待克服，而且往往是無法掌控的。別把注意力擺在障礙上，讓我們努力充實自己，如此，不論裁判多不公平，我們依舊能成功。

如果你想贏，別抱怨那些無法掌控的事。讓自己厲害到足以擊敗生命中的裁判吧。

如果想贏，別抱怨那些無法掌控的事，
讓自己厲害到足以擊敗生命中的裁判吧。

QBQ

17 一次做一個選擇

那天的溼氣很重。我在休士頓登機時，還感覺得到機艙中潮溼擁擠的熱度。班機顯然超收乘客，而每一個人似乎都有三件大型隨身行李。好幾位乘客被安排到同一個座位，而且沒有妥適的補救措施。機艙內的氣氛有點緊繃。

艙門終於關上，飛機滑行到跑道。乘客整整枯坐了一小時，卻盼不到機組員任何的解釋。我不由得想到，眼前的狀況為「加壓機艙」

賦予了全新的意義。

謝天謝地，飛機終於起飛，這時我認識了幾位具備QBQ精神的英雄。

第一次見到空服員波妮塔時，她正神采奕奕地分發手臂上掛著的耳機，她笑容可掬，彷彿樂在其中，當時正是聖誕節的前一個禮拜，她戴著紅綠相間的聖誕老人帽，帽尖垂到一邊的肩膀上。

發耳機時，她沒有說：「就算我們讓你空等一個小時，不過耳機還是要五塊錢！」相反地，她免費提供耳機。我看她轉頭對一位年輕男士說：「先生，您一定會喜歡我們的體育節目。請用耳機！」接著對一位女士說：「小姐，您是一個人旅行吧？想要一位朋友嗎？」

等她來到我的座位時，我叫住她，對她說：「波妮塔，我很欣賞你的態度！」當她面帶燦爛笑容、戴著聖誕老公公帽輕盈地走開前，說道：「不管您想幹嘛，可別對我做毒品測試唷！」

我無須測試她，我早知道她對生命抱持高度熱忱。而「對生命抱持熱忱」，正是做了更佳抉擇後發生的好事之一。

重點不在「我們」相對「他們」，也不是「他們為什麼超收乘客？」，更不是「這是誰的失誤？」，比較好的問法是：「這時候我該如何扭轉現況？」

盡量善用不利的狀況吧！

就這麼簡單的選擇，波妮塔改變了我和同機旅客的心情。

一次做一個選擇，是「個人擔當」改變世界的方法。

善用不利的狀況，就可能改變世界。

QBQ

18 主人精神

人們常說，組織裡需要一種「主人精神」。以下故事相當貼切：

我因為電話出現雜音，請公司派人來修理。於是，來了一位修理工人，他賣力地修了一陣子後便回去了。

可是，到了第二天，電話又開始出現雜音。這次來了另一位修理工人，更賣力地修理一陣子後，問題還是再度發生。

第三位修理工人來了以後，我描述了問題，接著閉嘴等著聽他抱怨，我預期他一定會說盡前兩位同事的壞話，可是他沒有這麼做。相反地，他說了一句非常鏗鏘有力的話：「米勒先生，我沒辦法解釋這種現象，但我很樂意為此道歉！」

這就是主人精神：

承諾用自己的智力、心力和勞力解決問題，而且絕不再爭功諉過。

你做好這樣的承諾了嗎？

QBQ

19 團隊精神的基石

你會不會看著展翅翱翔的禿鷹，說道：「希望牠像海豚般在大海中悠游？」你會不會看著海豚，希望牠有一天像長頸鹿般頂天立地？你會不會想：「獅子為什麼跑不過豹子？」當然不會。多荒謬啊！

你所處的團隊中，有沒有跟你不同的人？

「隊友就是把你看透以後，仍然覺得你是很好的人。」讓我們欣賞每個人與生俱來的天賦與優點，這才是團隊精神的基石。

欣賞每個人與生俱來的天賦與優點，
才是團隊精神的基石。

QBQ

20 個人擔當從「我」開始

我講完有關個人擔當和QBQ的主題後，一家企業的執行長起立致詞，他對著數百人做完評論，將下列文字訊息投影在身後的大螢幕上：「個人擔當從『你』開始！」

我了解這當中要表達的意念，只是他沒抓到重點。個人擔當不是從「你」開始，而是從「我」開始，也是之所以稱為「個人擔當」的原因。「個人擔當」不是把責任歸咎於你或我。例如經理設定標準、界定結果、協助員工訂定目標後，就要求每個員工為自己的表現承擔責任。「個人擔當」也不是整個團隊的事，不是大夥兒聚在一塊公開宣誓，過了一個禮拜或一個月後，再回來討論實際的結果。

個人擔當的意義是：

每個人要為自己的思想、行為及其產生的後果承擔起責任。

這就是為什麼QBQ的第二條指導原則是：所有QBQ都包含「我」，而不是「他們」、「我們」、「你」或「你們」。包含「我」字的問題，把焦點從他人與周遭環境中移轉開，進而反求諸己，這才是最有效益的做法。

你我無法改變他人，也往往無從控制環境與結局，我們真正能掌控的，唯有自己的想法和行動。一旦把問題的焦點擺在如何將力氣與精神用在能力所及的事物時，將大幅提升我們的影響力，更不用說使我們更快樂，也比較不感到沮喪了。

透過團隊做個有擔當的人，是個很棒的途徑。的確，中高階經理有必要設定標準並告知員工，但「個人擔當」的力量來自於以「什麼」或「該如何」發問，並包含「我」字在內的問題。

你我無法改變別人，也往往無從控制環境與結局，
我們真正能掌控的，唯有自己的想法和行動。

QBQ

21 我只能改變我自己

我唯一能改變的是誰？我想你一定可以答對，就是「我自己」。我敢說你老早就懂得這道理。這麼根本，這麼簡單。再問你一個問題：既然你一直在讀這本書，你會想到誰？並在腦海中出現誰的影像？使你不禁感嘆：「我希望他們知道這番道理，因為他們很需要?!」這種事在我們的生活中經常發生。我們知道：「我只能改變我自己，」但是接著又會問：「你心裡想到誰？誰會需要QBQ？」我們通常會說：

「是他們！」

最近，你曾試圖「調整」別人嗎？這確實是我們常犯的毛病，但某些人並不認為自己正在意圖改變他人。

一位非營利組織的董事在一次圓桌討論會對著四位成員說：「說真的，我不想改變我的助理，我真的不願意這麼做！我只是想，她應該為自己擬定更多長遠的目標。」這段話的意思是：「我希望她成為我想要的樣子。」

有些人知道自己正試著改變別人，只是不想承認罷了。

有一次，我和一位負責員工訓練的經理，正為了QBQ的課程做最後安排，她問：「你想知道副總裁為什麼要安排這些課程嗎？」

「當然。」我提高注意力，不知道她接下來想說什麼。

「他想調整艾德。」

調整艾德？

她接著解釋說，艾德是一位不稱職的主管，但副總裁並沒有擔起責任，也沒有開誠布公地處理眼前的狀況，反而要整個團隊接受訓練。「調整艾德」這四個字在我腦海一再出現。

還有人把改變他人視為己任。我拜訪過一位年近三十的男士，他竟然說：「我相信『改變他人』是我的責任，因為我是管理者！」抱歉，管理者是無法改變人的。管理者可以輔導、諮商、教導，但是誰都無法改變他人。唯有當事人痛下決心，才可能從內心改變。

這是很難學會的一門功課。即使口口聲聲說自己「懂了」，但是距離了解「是的，我只能改變我自己！」、並誠實檢視自己的真實想法和行為，還相差甚遠。

我經常會問團隊：「你會為了改善組織效能而做出哪一樣改變？」通常他們會列出一些「P」開頭的辭彙，比方說「產品」（Products）、「促銷」（Promotions）、「政策」（Policies）、「處理」（Processes）、「程序」（Procedures）、「定價」（Pricing），以及「人」（People）。更多人、更少人、不一樣的人，有人還回答「百事」（Pepsi）。（沒錯，是百事。）「要是休息室的自動販賣機從賣可口可樂變成百事可樂該多好！」

在被問到想改變什麼來改善現狀時，人們的腦袋裡充滿各式各樣的想法。請猜猜看，哪一個答案從來沒有人說過？「我！」「我會改變自己，讓組織經營得更有效能。」有人曾表示這問題太「詐」，但我並不苟同。

再讀一遍。我們的心根本不在那上面。我們的想法，幾乎都先專注在其他地方。用「什麼」或「該如何」的方式發問，並包含「我」字在內的問題，幫助我們把注意力帶回到自己身上。

如果我們全都試著型塑自己、而不是他人的想法與行動，那麼世界將更美好。重點是，QBQ之所以有用，是因為它根據一項事實，那就是：「我只能改變我自己。」

QBQ

22 我不再試圖改變別人

有一天，在我結束簡報後，有一位嘉世騰（Jostens，專門製作班級戒指和紀念冊的公司）的中階主管走上前來，對我說「我只能改變我自己」的觀念確實令她感動不已。

她解釋：「當我還在擔任分公司經理時，有一位下屬幾乎管不動，我們處得糟透了。因此當他調到遙遠的另一個營業據點時，我簡直如釋重負。

「後來過了幾年，我們又在同一間辦公室工作，而且我又成了他的上司。不過這次情況大不相同了。

「我們處得很好、溝通順暢，而且在各項專案計畫上合作無間。於是我問自己：『他什麼時候改變的？』不過我發現，改變的不是他，而是我！」

「你怎麼改變的？」我問。她的回答一針見血：

「我不再試圖改變他。」

QBQ
23 從自身做起吧！

一群高階主管到山上舉行資深經理人的靜修活動。三天下來，他們對重大的議題進行辯論，用色彩鮮豔的墨水筆畫滿了圖表板。最後，他們人手一份「使命、願景與價值觀」的神主牌，回到工作崗位。那裡的人們正等著拿到神主牌，進一步施以魔法，變成口袋型的小張薄卡，供男人作為警惕，女人則塞進公事包裡。

過了不久，大夥兒擠在一台冷飲機旁，取出各自的卡片，輕聲說道：「等到別人都做到了以後，我才願意身體力行！」

小心了。最容易看到的，往往是別人辦不到的事。

某位經理說：「我在此的目的，是幫助各位達成自己的目標。」接著又當著大家的面貶損別人。

高階主管說：「每個人都被賦予充分的權力。這是我們的新計畫！」接著又補上一句：「不過，在你們採取重大行動前，請先徵詢我的意見。」

團隊成員說：「我欣賞同事們的真實樣貌⋯⋯，但是，如果他們更像我一點就太好了。」

有一個組織在大廳牆上得意地宣布他們新訂的指導原則：「員工是我們最偉大的資產！」可是，最後被納入預算且最早被砍掉的，卻是訓練經費。

「言行合一」的定義是：

藉由說到做到，達到心口合一的境界。

QBQ的思維之所以導致表裡如一，因為是從「我」而不是從別人做起，比較適當的問法是：「我該如何將我認同的原則付諸實行？」而不是問：「他們什麼時候才會說到做到？」讓我們先從自身做起吧。

QBQ 的思維是從「我」做起。
讓我們先從自身做起吧。

QBQ 24

你「言行合一」嗎？

我提供一個言行合一的測試問題，適用於每位組織內的成員：「我們在工作時對組織的言論，和回到家以後所說的相符嗎？」如果上班時歌功頌德，下班回到家後卻壞話說盡，這時我們必須做出選擇。下列這個觀點值得每個人仔細思考：

相信，否則就離開。

太嚴苛了嗎？或許吧。但是，如果組織不再是我們達成人生目標的媒介，那又何必繼續待下去呢？

誠實回答本篇一開始的測試問題，是實踐個人擔當的一部分。

QBQ

25

「個人」的力量

剛開始學習QBQ時，最多人問的問題是：「我們能做什麼？」問題是，「我們」還是老樣子。團隊、部門和組織也都還是老樣子。其實，人們得透過自己的抉擇，一點一滴地改變。

雖然我是團隊觀念的堅貞信徒，但如果不小心謹慎，到頭來可能演變成用團隊的語言（「我們」），來取代個人擔當的語言。我們可以抱著下列的想法隱身在團隊中，例如：

「團隊沒趕上期限。」

「團隊沒有獲得足夠的資源。」

「團隊沒把事情做好。」

「團隊的任務不明確。」

個人擔當的重點不在改變他人，而是先改變自己，進而改變現況。

因此，個人擔當，可以說是「個人」的力量。

QBQ

26

QBQ的祈禱文

或許你早已熟悉美國著名神學家尼布爾（Karl Paul Reinhold Niebuhr）的祈禱文：

「願上帝賜我平靜，接受我無法改變的事；
願上帝賜我勇氣，改變我能改變的事；
願上帝賜我智慧，明辨兩者的差異。」

QBQ將這篇著名的祈禱文修改成人人適用的祈禱文：

「願上帝賜我平靜，接受我無法改變的人；
願上帝賜我勇氣，改變我能改變的人；
願上帝賜我智慧，了解那人就是我。」

你常責怪工作團隊中的隊友或總是抱怨他人沒做好自己本分嗎？
請先停止抱怨，想想你的隊友有哪些天賦與優點。

根據QBQ的思維，不要試圖改變他人，而要從「我」做起。
你認為生活或工作中可以如何改變自己？請寫下你的想法。

QBQ

27 正牌模範請站出來！

看見好萊塢影星、運動明星、流行歌手或政治人物插隊時，我們會大驚小怪地說：「真丟臉！竟然做兒童的壞榜樣。」然而實際上，公眾人物都無法成為孩子的榜樣。

做榜樣是你我的責任。

有時這是用以鞭策自我的覺悟，但卻是真理。

對每個人都是如此。無論扮演哪種角色，都有人正在觀察、仿效我們的所作所為。

對每位老師來說，「為人表率」是最具影響力的行為。

誰正在觀察仿效你呢？

QBQ

28 實踐個人擔當

一家不久前剛經歷大規模併購的公司，舉辦一場QBQ討論會；會後，一位中級主管上前，和我分享以下的故事。

他稍早來參加我們上午的課程，抱怨（引用他的話）與紐澤西州新母公司有關的問題，問題已經嚴重妨礙到他所屬業務單位的運作。

經過一個多小時的QBQ後，他的想法開始改變。他溜出去，打電話給旅行社，訂了明天早上飛回東岸的機票，因為他已經想通解決的方法。

這真是個實踐個人擔當的最佳範例。

首先，他決定停止抱怨，問了一個比較好的問題，例如：「我能怎麼做？」而當比較好的答案出現時，「你知道嗎？現在我能和他們坐下來共商大計了。」於是他身體力行，拿起話筒，打了電話。

就這麼簡單，QBQ的終極目標就是「行動」！

第三個指導原則是：所有QBQ都將焦點放在行動上。為了以行動為焦點，我們在問題中添加了如「做」、「製造」、「完成」以及「建立」等動詞，而且這些問題都加上「什麼」或「該如何」來發問，並包含「我」在內。

如果就此打住，這時QBQ聽起來會像是：「我做什麼？」或「我該如何建立？」為了避免聽起來像是山頂洞人時代講的語言，我們又加進了一、兩個字，例如「能夠」或「願意」，以及「現在」或「今天」，最後便成了意思清楚完整的問題，例如：

「我現在能做什麼？」

「今天我該如何扭轉現狀？」

如果不問自己能做什麼、製造什麼、完成什麼或建立什麼，就無法做、製造、完成或建立。道理就是這麼簡單。只有付諸行動，才能有所收穫。

所以，實踐個人擔當的方法是：

先修鍊自己的想法，接著問比較好的問題，最後付諸行動。

實踐個人擔當的方法是：
先修鍊自己的想法，接著問比較好的問題，最後付諸行動。

QBQ

29 什麼都不做的風險

有一位金融機構的資深領導人告訴我：「有時人們對我說：『我不想冒險。』我就跟他們說：『最好還是冒點險吧，因為在本棟大樓裡，此刻有十幾個人正坐在電腦前，企圖把我們幹掉！』」這話是什麼意思？沒有人能一輩子保有工作，今日不主動積極，明天保證沒工作可做。採取行動也許有些風險，但「什麼都不做」才是更大的風險！

即使行動中蘊藏風險，但「不行動」這項替代方案，卻幾乎永遠不可能成為更佳的選擇：

- 即使行動導致錯誤，卻也帶來了學習與成長。不行動則是停滯與萎縮。
- 行動的結果是解決。不行動充其量維持現狀，讓我們活在過去。
- 行動需要勇氣，不行動往往表示恐懼。
- 行動建立信心，不行動助長懷疑。

有位朋友說：「被人告知『你等會兒』的人，勝過等著被人告知的人。」

先仔細想想看，決定下一步該做什麼之後，就付諸行動吧！

QBQ

30 別說個人的影響力微不足道

幾個禮拜前，茱蒂剛到「家得寶」（Home Depot）當收銀員。一天早上有位年輕男士在她的收銀台前排隊，顯然一副趕時間的樣子，他很快將幾件物品重重地放在櫃檯上，又丟了一張百元大鈔，結果總共只花了兩塊八角九分美元。

「請問您有小鈔嗎？」茱蒂問。

「沒有耶，抱歉。」他說。

在那一刻，茱蒂必須做出抉擇。

由於當天她才剛開帳，因此抽屜裡只有區區四十塊錢。公司規定的標準程序是：想要找開百元大鈔，必須把鈔票放進空氣輸送管，送到辦公室去。但是茱蒂想，如此一來將耗掉顧客太多寶貴時間，更別說後頭還排了一大串客人。

於是她這麼做：把鈔票還給年輕男士，伸手進自己的錢包，拿出兩塊八角九分錢放進收銀機，然後撕下收據。她面帶笑容對顧客說：「感謝光臨家得寶！」

這位男士愣在那兒半晌，這才弄清楚她做了什麼。最後，他在目瞪口呆中向她再三道謝後離去。對茱蒂而言，這件事到此為止。

兩天後，茱蒂的上司帶著一臉困惑與訝異的表情，拿著一只信封去找她。

「茱蒂，我得把話說清楚，」他說，「你前幾天是不是幫一位顧客買單？」

她得想想。「嗯，好像有吧。」

「這樣啊。他寄小費給你，」他說，「身為家得寶的員工，我想你一定知道我們是不收小費的。」

「我不想要小費。」她回答，接著又問：「有多少小費？」

「他給你一張五十元的支票。」

「哇！那如果我把支票背書，然後存進我們的披薩基金，讓每個人都受惠，您覺得呢？」

「好啊，」他說，「這樣就可以。」

於是這筆錢就成了披薩基金，沒有人再多去想這事。

次日，這位年輕男士又出現在她的收銀台，這次他帶著自己的父親，也就是強森營造公司（Johnson Construction Company）的業主老鮑伯・強森（Bob Johnson Sr.）。問題來了：營造商需要什麼？你想到了嗎？是建材！如果要茱蒂回答的話，比較好的答案會是：家得寶的建材。

老強森先生對茱蒂說：「我要你知道，正因為你前幾天幫了我兒子的忙，我們已經決定開始向貴公司採購所有物品！」

了不起吧！別說一個人的影響力微不足道，何況他或她又是個願意嘗試和冒險的人。

請記住：茱蒂當時可以說是進退兩難。這位年輕人正在趕時間，後頭又排了一大堆人，而標準程序規定得讓所有顧客等她把零錢找開才行。在當時的狀況下，壓力並未使她昏了頭，如果那時她心裡這麼想著：「我怎麼這麼倒楣，偏碰到這種事？」或乾脆說：「抱歉，這是公司的規定。」而讓顧客苦等，結果可想而知。相反地，茱蒂保持冷靜，決定以實際行動來服務顧客。這就是QBQ的服務精神，而且值得冒險去做。

故事還沒結束。老強森先生說完一番話以後，年輕人靠著櫃檯，對茱蒂輕聲說道：「茱蒂，有件事我一定要知道。」

「知道什麼？」她也輕聲回答。

「你幫我買單那天……去請示了多高階的主管?!」

QBQ 的服務精神，
就是以實際行動來服務顧客。

QBQ

31 各階層領導人

你是領導人嗎？許多人在下列問題中掙扎不已。「究竟我是領導人，還是我的老闆才是領導人？公司的總裁是領導人嗎？那部門的副總裁呢？」或者他們會想：「也許領導人是被冠上『小組長』頭銜的同事吧。」

不過，我倒是遇見一位完全沒有這類問題的人。我問某個團體的成員：「你是領導人嗎？」這時他從後排跳起來大聲叫道：「我是領導人，米勒。我是理所當然的領導人！」

我問他：「先生，您尊姓大名？」

他說：「吉姆．里德（Jim Leader，Leader 這個英文字的意思，就是『領導人』）。」

這是真實的故事。我查了他的駕照以確定無誤，里德，三十三歲。你知道那意謂著什麼嗎？至少三十多年來，他不僅能信心十足地說：「我是領導人！」也可以說：「我生來就是領導人！」

但對多數人來說，事情可沒那麼簡單。

我們往往認為，領導只和頭銜、地位、被管理的人數與金額多寡，或者是否取得終身職有關係。

我發現最滑稽的莫過於終身職，當我聽到某人大言不慚地說：「我在這裡工作已經超過十二年了！」我只能想像同一個組織的人會說：

「是啊，或許這正是你的問題所在！」

別誤解我的意思，忠誠是值得欽佩的特質。但一個人任職時間的長短，不表示他能成為稱職的領導人，充其量只是一個擁有經理或副總裁頭銜的人罷了。開好車、住漂亮房子，當然也無法評量一個人的領導能力。

相較於其他事物，領導能力與個人想法息息相關。領導是無時無刻不在修鍊自己的想法。撇開角色與層級不談，領導是實踐個人擔當，決定做出正向的貢獻。

接待員、工程師、業務員、臨時職員、收銀員等，每個人都可以成為領導人。茱蒂肯定是領導人。父母呢？毫無疑問。父母可能是目前最重要的領導角色。

你是某人的朋友、運動隊伍的教練、義工，或是能影響某位同事的人嗎？道理還是一樣：只要用領導人的角度思考，每個人都可以是領導人。

現在我再問一次：你是領導人嗎？想想吧。

QBQ

32 謙遜是領導的基石

還記得第一章提到的雅各．米勒嗎？在石底餐廳工作的他，是QBQ的英雄，也是請經理去幫我買健怡可口可樂的那位仁兄。不過，雅各不是故事中唯一的主人翁；他的經理也是，而且現在是該嘉許她的時候了。

這麼想吧，雅各跑去跟她說：「嗨，可否請你去幫那位客人買杯健怡可口可樂？」她會怎麼回答呢？「好啊！」不過更重要的是，她

「沒有」這麼回答？她沒有用下列幾句話頂回去：

「等一下，雅各，這裡究竟是誰做主？」

「嗯，我不知道耶，你最近幫我做了什麼好事？」

「還記得你上次犯的錯嗎？」

「假如我幫你做這件事，你打算如何報答我？」

或者這麼一句：「讓我瞧瞧你的考績紀錄，看分數到了沒。如果分數夠高，我才願意幫你。」

她原本可以問這類問題的，但是她沒有。相反地，她當下就為雅各服務，就像她服務公司內外的任何一位顧客一樣。

她沒有說：「除非你成功，我才為你服務。」而是說：「我為你服務，好讓你成功。」不是「我是你主管，所以你該聽命於我」，而是

「身為領導者，所以我應該幫助你達成你的目標」。

「僕人的領導風格」正是QBQ的作風，這需要一個謙遜的靈魂，外加一顆僕人的心。

謙遜是領導的基石。

QBQ 的領導作風需要一個謙遜的靈魂，
外加一顆僕人的心。

QBQ

33

領導者不是問題的解決者

在家鄉丹佛市演講完後，我和一位與會的女士一同搭旅館電梯下樓，她認真回顧筆記，陷入沉思當中。

來到大廳前，她看著我說：「所以，你的意思是，等我回到辦公室後，應該幫別人做他們該做的事嘍？」

「哇，這是哪門子的歪理啊？」我心想，「我一定沒把話說清楚。」

讓我澄清一下：QBQ並不是縱容別人，一肩扛起別人的義務責任，更不是單靠自己的力量為別人代勞。換句話說，QBQ不是服務他人，而是「不服務」任何人。

管理者跳進來把交易結案、專案領導人攬下整個團隊的任務、父母替子女整理房間，這些行為不具正面教育意義，也沒有增加任何實質價值。

就像我的導師史蒂芬·布朗（W. Steven Brown）經常告訴大家：「領導者並不是問題的解決者，而是問題的給予者。」他們讓屬下面對問題，思考自己的解決方法並採取行動。如果不是這樣，我們還能學習到什麼呢？領導人又有什麼其他功能呢？

QBQ

34 「爛問題」大全

卡爾森行銷集團（Carlson Marketing Group）的總裁吉姆．萊恩（Jim Ryan）坐在辦公桌前，他的態度親切有禮貌，但礙於時間壓力，顯得有點坐立不安，因為時間只有短短三十分鐘。

做過簡單開場白後，這位雖無顯赫頭銜、卻仍希望引起潛在顧客興趣的年輕訪客問：「吉姆，不知道您是否聽過以下的問題。」於是提出幾個他所謂的「爛問題」與對方分享。

接下來，出現銷售上所謂「要命的停頓」——問了一個問題之後，得到的不是立即的回應，而是對方以空洞的眼神看著你，有時甚至是目露凶光。

房間中要命的停頓氛圍就像飄浮著一片沉重不祥的雲朵；訪客於是開始冒汗。過了好一陣子後，吉姆笑著說：「哇，真是很棒的爛問題大全呢！」

的確！提出爛問題果然有效，他的興致已經被挑起。這些問題之所以奏效，原因是他和多數人一樣，過去都曾聽過。坐在訪客椅上的我也以笑容回應，對展開一段成功的關係充滿信心。

現在來看看我們自己常提出的爛問題吧。每個人在一生中扮演各種各樣的角色，每個角色各有挑戰與挫折。讀到以下角色的爛問題和QBQ時，讓我們想想自己可能問過哪些爛問題，更重要的是，這些問題可以用哪些ＱＢＱ來取代。

客戶服務：

「運送部什麼時候才能準時送貨？」

「客戶的期望為什麼這麼高？」

「究竟什麼時候，營業單位才能一次ＯＫ？」

「顧客為什麼老是不看使用說明？」

ＱＢＱ：

「我該如何服務大眾？」

銷售：

「我們的產品為什麼定價這麼高？」

「我們要到什麼時候才會更有競爭力？」

「顧客為什麼不回我電話？」

「行銷部為什麼不提供我們更吸引人的文宣？」

「製造部為什麼做不出好賣的產品？」

QBQ：

「現在我該如何提升效能？」

「我該如何為顧客提高服務品質？」

營運或製造：

「業務員為什麼不先考量我們的能力範圍，再提出要求？」

「究竟要到什麼時候，他們才能學會賣正確規格的產品？」

QBQ：

「我該如何更了解營業單位所面臨的挑戰？」

管理：

「年輕人為什麼好吃懶做？」

「什麼時候才能找到合適的人才？」

「他們為什麼不主動積極？」

「這是誰的錯？」

「屬下為什麼老是不準時上班？」

QBQ：

「我該如何發揮輔導效能？」

「我該如何更了解每位團隊成員？」

高階主管：

「這是誰的失誤？」

「究竟要到什麼時候，員工才能了解公司的願景？」

「誰會跟我一樣在乎這件事呢？」
「市場什麼時候才會轉好？」

QBQ：

「我該如何成為更好的領導者？」
「我很在意自己如何帶領團隊？」
「我該如何使事情的溝通更順暢？」

「第一線」工作人員：

「我們為什麼得忍受這些改變？」
「究竟什麼時候，才會有人來教導、訓練我？」
「為什麼老是不加薪？」
「誰來釐清我的職責？」
「大老闆們什麼時候才能行動一致？」

「誰來告訴我們願景？」

QBQ：

「我該如何增加生產力？」

「我該如何適應變遷的環境？」

「我該如何充實自己？」

行銷：

「究竟要等到什麼時候，業務員才會執行我們的計畫？」

「營業單位為什麼不多了解我們的新產品？」

QBQ：

「我該如何更了解業務員的辛酸？」

「我該如何多了解顧客的需求？」

工作外的世界——

父母：

「究竟要等到什麼時候，孩子才會聽我的話？」

「我的女兒為什麼老是跟那類型的朋友混在一塊？」

「我兒子什麼時候才願意敞開心胸和我談談？」

「是誰把客廳弄得一團亂？」

「你為什麼不多跟姊姊學學？」

QBQ：

「我該如何多了解兒子或女兒的想法？」

「我該如何改進做父母的技巧？」

「我該如何幫助兒子或女兒度過這幾年辛苦的日子？」

青少年：

「父母究竟什麼時候才會弄懂我的想法？」

「他們為什麼不喜歡我的朋友？」

「老師為什麼這麼刻薄又偏心？」

QBQ：

「我該如何對爸媽表達更多敬意與愛意？」

「我該如何做更有效的溝通？」

「我該如何改進讀書的習慣？」

配偶／伴侶：

「他為什麼老是翻舊帳？」

「她什麼時候才能更欣賞我？」

「你為什麼不開始運動？」

QBQ：

「我該如何改善自己的毛病？」

「我該如何想辦法助她一臂之力？」

鄰居：

「他們為什麼這麼不友善？」

QBQ：

「我該如何當友善的鄰居或朋友？」

義工：

「為什麼我得事必躬親？」

QBQ：

「我該如何更明確地劃分職責，並且委婉拒絕？」

你想問爛問題，還是QBQ呢？選擇權操之在你我。讓我們聰明地選擇，因為我們問的問題，將使對方有不同的感受，並且產生不同的效應。

你想問爛問題，
還是 QBQ 呢？

QBQ

35 QBQ的精神

有個行之已久的法律原則說：法律的「文義」和「精神」不能等同視之。法律的文義是指法條本身所用的確切文字，法律精神則指基本概念與立法意旨。但是基本而言，法律的文義應該與法律精神方向一致。

同樣地，QBQ的文義也應該就是指導原則。

QBQ的文義：

一、以「什麼」或「該如何」形成問句，而不是「為什麼」、「什麼時候」或「誰」。

二、包含「我」這個字在內，而不是「他們」、「我們」、「你」或「你們」。

三、將焦點放在行動上。

QBQ的精神是「個人擔當」：

● 別再有「受害者」的心態，別再拖延或怪東怪西。

● 我只能改變我自己。

● 當下就去執行！

我之所以提到QBQ的精神，原因在於問題可能符合QBQ的文義，卻不符合QBQ的精神。

請看以下例句：

「我該如何來改變你？」

「我該如何避開這件事的責任？」

或者是我兒子最愛的：

「今天我可以怪誰？」

好吧，我兒子連文義的部分都沒遵守。其他問題雖然遵守了，但顯然不是QBQ。

所以原則是這樣的：如果一個問題違背了QBQ的精神，那就不算是QBQ了。

像這樣玩QBQ會滿有趣的。但是，在建構有意義的問題時，別忘了只有兼具QBQ文義與精神的問題，才能夠幫助大家做個有擔當的人。

QBQ

36 智慧

在通盤了解之後，我們學會了什麼？我還有不懂的地方。你呢？

你了解 QBQ 的精神了嗎？

QBQ

37

你今天學會了什麼？

我們經常犯的毛病是：參加太多研習會、上太多課、買太多書、玩太多汽車音響。如果不清楚「學習」的真諦，那麼以上所述可以說是「浪費」。

學習並不是出席，也不是聆聽或是閱讀，學習也不只是獲取知識。事實上，學習是把「知道」轉化成為「行動」；所以，學習是一種改變。

如果我們選擇不改變，就表示選擇不學習。
你今天學會了什麼？

QBQ

38 撿報紙的「殘障」朋友

某個起風的星期日下午，我們一家人正馳騁在高速公路上，這時眼前出現一個駭人的景象：路邊有一位坐在輪椅上的男子，埋沒在被風吹散的報紙堆中；他想用手抓，但強風把報紙吹得蓋滿地面。我的大女兒克麗絲汀從廂型車後座叫道：「爸，我們去幫他吧！」於是我立刻把車停妥，全體動員去幫他。當我們將追回的報紙抱在胸前，我想知道接下來會怎樣。

俗語說得好：「人多好辦事。」事情一下就解決了。當我們全都來到這位男子身邊時，他的身體斜靠著輪椅，手中緊抓住搶救來的幾張報紙，不發一語卻想找話說。

其中一個孩子問他：「發生什麼事啦？」

他用一隻抖到幾乎無法使力的手臂奮力坐回輪椅，說道：「我一回家，發現貨車上整疊報紙不翼而飛。當我開車回到這裡時，只見遍地報紙，真是不可思議！」

我不假思索地問：「你打算自己一個人把報紙撿乾淨嗎？」

他看我的眼神，好像我沒弄懂似的，然後說：「我不能一走了之啊！這是我捅的婁子。」

我捅的婁子，就是我的責任，我應該去收拾。這就是個人擔當的最佳寫照。本書從一開始就闡述，個人擔當不是責怪、抱怨、拖延，而是問：「我能做什麼？」然後採取行動。我們為建構更佳問題提供的指導原則是：所有ＱＢＱ都以「什麼」和「該如何」發問，包括「我」字在內，而且將焦點放在行動上。指導原則說，問ＱＢＱ正是開始修鍊思維，並做出更佳抉擇的方法。

現在當我們走出去，將ＱＢＱ運用在日常生活中時，要時時記住這麼做的真正理由。我們這麼做，是因為贊同書中某些人的行為，並且願意向他們學習，這些人分別是：石底餐廳的服務生雅各、史黛西的飛行員父親、空服員波妮塔、家得寶的收銀員茱蒂，以及為了「他捅的婁子」而滿地撿報紙的「殘障」朋友（他叫布萊恩）。

他們都不懂什麼ＱＢＱ，但每個人都具體呈現ＱＢＱ的精神。許多同我一塊兒站在第一線的工作人員，都該學會ＱＢＱ。或許我們並不是時時刻刻需要它，但是我們需要它來徹底改變自己的人生。

我們該學會ＱＢＱ，使組織內的成員不再交相指責、推託、延宕和彼此對立，而是激發彼此的至善之心，同心協力、同舟共濟，讓美好的事情不斷發生。

我希望各位同我一樣，充分領會這令人興奮的願景，因為如果更多人實踐個人擔當的精神，世界將更美好。

QBQ！問題背後的問題。希望它對你所做的一切都有幫助。

QBQ

39 學習的動力

「重複」是學習的動力。
再說一遍？
「重複」是學習的動力。
沒聽清楚，再說一遍？
「重複」是……
喔，我懂了！

很好。

既然現在你已經讀完本書，

請再讀一遍。

想想自己問過哪些爛問題？
你覺得這些問題可用哪些 QBQ 來取代？

你的生活或工作中，是否已應用了QBQ？

寫下你所實踐的個人擔當。

Thanks to each of you for laughing and learning with me! The QBQ works — enjoy!

John G. Miller

QBQ!

感謝各位同我一起歡笑、

一起學習！

QBQ對你真的很有幫助！

希望你會喜歡！

約翰．米勒

感謝篇

很感謝：

大衛．藍文　我的好朋友、演說指導者，也是寫作的夥伴。沒有他的點子，就沒有這本書。

戴比．哈瓦斯　技術精湛的專業撰稿人。

約翰．福克　封面設計師。

艾咪．松頓　本書的版面設計專家。

莫琳．加西亞　優秀的插畫家。

♫

特別要感謝我最重要的團隊——位在丹佛的家。

孩子們：克麗絲汀、塔拉、邁可、茉莉、夏琳、傑西和塔沙。在進行這個寫作計畫期間，忍受忙得七葷八素的老爸。

我的妻子凱倫，她溫柔地鼓勵我重寫第一本著作《個人擔當》，更要緊的是身為我最好的朋友。

QBQ！團隊聯絡方式

大衛・藍文，目前最佳的演說指導者，也是本書背後的夢想來源。

1-877-529-2190

david@QBQ.com

www.thebestinus.com

戴比・哈瓦斯，最傑出也最投入的專業撰稿人。

1-507-663-1129

dhvass@rconnect.com

或許我們並不是時時刻刻需要 QBQ，

但是我們需要它來徹底改變自己的人生。

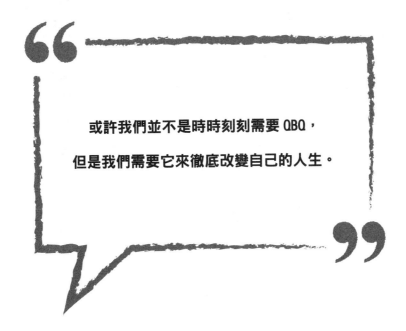

初版推薦文一

原來是組織氣候的問題！

杜書伍（聯強國際總裁兼執行長）

在求學、工作的過程中，我們不斷被灌輸要有擔當、要有責任感、不該推諉塞責，我們也都認同這樣的觀念與態度。但是，在組織日常運作當中，我們卻又經常看到、聽到這樣的現象：業績不好怪景氣差；行銷活動達不到效果怪公司給的資源不夠；專案進度延遲怪協力單位配合不力；部門績效不彰怪部屬素質能力太差；個人表現不佳怪主管沒教……。為什麼？人性使然！

在組織行為當中，原本就存在趨吉避凶、自我保護的因子，而這些自然的現象具有傳染性，不加以注意而任其在組織中擴大，結果便形成一種推諉躲避責任的習性與文化，導向惡質的組織氣候。既然如此，則防範避免之道也要從良好組織氣候的營造著手。

首先，組織在功能職掌的分工上，應該盡量將每個單位、個人的工作範圍坐落在一個完整的體系內，使其與其他單位、個人之間的相對應關係有較為簡明的脈絡可循，減少職掌劃分所產生的灰色地帶，使得責任歸屬可以較為明確。

此外，組織當中應該非常明確地禁止成員將某些說詞當做問題發生的理由，並且立即點破其背後隱含的思維傾向，例如：「我已經跟他說了！」（但是否讓對方充分掌握事情的內涵與重要性？）「目前沒有進度是因為我在等他完成某部分。」（但是否持續跟催掌握？）這些說詞看似小事，在組織中也幾乎每天都會不斷聽到，然而，其背後隱含的卻正是推諉塞責的態度，並且足以將組織氣候導往負面的方向。

一般談論企業文化、組織氣候的書籍，慣常將題目談得很大，但是，如何維繫良好企業文化、營造好的組織氣候，卻必須從小處著手，這正是《QBQ！問題背後的問題》一書值得推薦之處。當發現組織當中的政策落實度不佳、執行力出問題時，追根溯源，問題往往就出在組織氣候。

這也是一本非常容易閱讀的書，利用許多小故事、小案例，從不同的角度談論「個人擔當」這個中心主旨，並且提出具體可行的落實方法。對於所有職場工作者而言，是一本很好的「自省」手冊。建議可以將這本書隨手帶著，利用任何片段的時間，信手翻開任何一頁讀起，每次讀一、兩個篇章，然後仔細思考最近在工作中是否也出現類似的現象，相信可以有所收穫。

初版推薦文二

問題問對，答案就有了！

胡忠信（政治評論家）

「問題問對，答案就出來了。」提出正確的問題，做正確的事，把事情做更好，不斷更新與突破，這是企業經營者每天不斷要自問，而且將思考化為行動力的課題。

丹麥哲學家齊克果（Søren Kierkegaard）說：「表象如浮標，本質如魚鉤。」一般人只看到水平面上的浮標，卻無法看透水平面下的魚鉤，唯有具備人文素養、宗教關懷、歷史視野的透徹洞察力，才能不為表象所惑、掌握問題的本質。

《QBQ！問題背後的問題》正是提供齊克果式的洞察力思考，

以實際生活經驗做例子，深入淺出，引證譬喻，將企業與生活合一，是一本有趣、生動、易讀、令人深思的企業管理指南。

企業理念來自一種崇高的價值觀：理性與道德，羞恥心與正義感，追求更美好的生活品質，對生命意義的終極關懷，對社區、社會、國家乃至全世界的承諾與認同，承擔企業的社會責任，建立知識經濟的全球觀。

新競爭時代的經營者必須展現實力、人際關係與領導力，進行「以德服人」的人格式領導。領導力是不斷挑戰現狀，提升員工的進取心，建立人與人之間的信賴，捍衛人性共有的道德基礎。

一流的企業領導者，必然基於上述核心價值觀，具備四大要件：一、誠實；二、具備願景；三、鼓舞士氣；四、能力卓越。用最簡單的定義來說，領導就是以身作則，使別人願意為大家共同的願景而努力奮鬥的藝術。

我們可以從本書的淺近例子，進一步吸取到經驗教訓：

一、這是一個一切都在改變、遊戲規則也不斷改變的時代，我們必須不斷自問：我是不是隨著時代的改變而改變？我是不是隨著職務的改變而改變？我是不是讓別人也有所改變？我是不是使自己與組織「活到老，學到老，改造到老」？

二、我是不是有願景、有責任感、有公信力、有溝通能力、不斷自我學習的領導人？

三、我是不是有邏輯分析能力，不情緒用事，在做出決斷之時，我是不是保持理性、感性、意志三者的合一？我是不是修鍊而具有「心靈的高度抑制力」？

四、任何的構想、企畫或方案，都必須化為有效率的執行力，我是不是具有宏觀、戰略、哲學、抽象思考能力，並運作團隊進行微觀管理？

五、在做出重大決定之前，我是不是慎謀能斷，做出利弊得失之分析？在做出決定之後，我是不是以智慧、勇氣、決心貫徹到底？「凱撒在盧比克河畔猶豫不決，就再也不是凱撒了。」猶豫不決、瞻前顧後乃兵家之大忌。

六、我是不是不斷吸收專業領域新知，具有深厚的人文素養？我是不是如飢似渴地追求新知？我是不是組織中的教育家與教練？

七、在解決紛爭時，我對事不對人，先求事情的是非對錯（What is right?）、再問誰對誰錯（Who is right?），有了這種順序，才不會介入人事紛爭，被人情、感情用事所誤導，我有這種思維嗎？

自問自答上述七大問題，我們看到本書作者提出的人生座右銘：「承諾用自己智力、心力和勞力解決問題，而且絕不再爭功諉過。」

「隊友就是把你看透以後，仍覺得你是很好的人。」

「身為領導者，需有一個謙遜的靈魂，外加一顆僕人的心。」

「領導者並不是問題的解決者，而是問題的給予者。」

沒有錯，問題問對，答案就有了！這是一本值得推薦、反思的好書，我樂意為它寫推薦文，並向好友們提出一些心得報告。

初版推薦文三

星巴克熱情積極的服務態度

徐光宇（統一星巴克公司總經理）

約翰・米勒寫的這本小書輕薄短小、容易閱讀、言簡意賅、發人深省，我已迫不及待地想向大家推薦這本好書了！因為我看完一遍之後，竟然在最後一章的最後一句「再讀一遍」的召喚下，又重新看完第二遍。

現在為了寫這篇推薦文，又看了第三遍，還做了小筆記，此刻內心不斷湧現「個人擔當」概念的重要。甚至，我還在隔天早上的統一星巴克營銷體驗營中，立即和全體店經理以上的領導幹部分享這次的讀書心得，就是前一天晚上讀完這本書兩遍後的感想。

我覺得經過這次特別有意思的體驗後，我對「個人擔當」的信念更加強化與進步，在此也特別感謝遠流出版公司，給我這次與讀者分享的機會。

作者提到，QBQ（問題背後的問題）最終極目標就是「行動」，而要實踐「個人擔當」的方法，就是先修鍊自己的想法，接著能問較好的問題，最後付諸行動。

我們星巴克的每一位工作夥伴，在每天營運的過程中，就是不斷地在實踐「one cup at a time」（當下專注認真煮好一杯咖啡）的精神，這種一次務實地做一個選擇的積極態度，正是展現「個人擔當」改變世界的方法。

星巴克夥伴透過每一次和客人在店裡相遇的機會與瞬間，創造獨一無二的服務與體驗價值，在此同時也正考驗著每一位工作夥伴，是否能承擔起咖啡館的主人精神：「承諾用自己的智力、心力和勞力，熱情地解決問題，而且絕不再爭功諉過。」

這又和作者所提到「個人擔當」的重點，不在改變他人，而是先改變自己，進而改變現況的想法不謀而合，個人擔當就是一己力量（power of one）的實踐，就是每一位默默領導者日常生活的自我實踐。

在星巴克，我們強調「人人領導．人人跟隨」，致力創建企業領袖品牌（Leader Brand）的格局，以謙虛的心與個人擔當為領導的基石，然而我們確實還有不懂的地方，仍然持續努力學習中。

我喜歡書中的這兩句話：「有擔當的人會責怪誰？誰都不怪，甚至包括自己在內。」作者還改寫了美國著名神學家尼布爾著名的祈禱文：「願上帝賜我平靜，接受我無法改變的人；願上帝賜我勇氣，改變我能改變的人；願上帝賜我智慧，了解那人就是我。」

初版推薦文四

成敗決定於心態

鄭石岩（作家、心理學家）

QBQ這本書，一拿到手就吸引了我。於是，我把它放在公事包裡，在往返高雄授課的飛機上讀它、玩味它。許多地方還加上眉批、寫下心得。這本書簡單易懂，對人生與事業都具啟發性。尤其在飛機上讀它，有著從高山上俯瞰，對於問題背後的問題，有著更多領受。

簡單的道理，往往具有以簡馭繁的效果，能滲透到生活與工作的過程，化做心力與智慧。本書所闡述的道理，對於事業的經營、生涯的開拓都具有省發的效果。讀完這本書有著豐收和充實之感。我相信不只是企業界的人該讀它，政府官員和學校師生都值得讀它。

閱讀過本書的翌日，秀真和我一起到新竹看兒子、媳婦，在火車上我們聊起QBQ。她說：「這本新書甫一上市，我已先讀為快。它說出了大家疏忽的課題——做事的心態。人如果不誠心面對真實，不肯檢討錯誤、勇於改進，就會被問題吞噬。心態上只想馬虎了事，凡事想應付過去，對挑戰裝聾作啞，就會被問題綁架。」她接著說：「這本書的道理很簡單，讀後卻能令讀者印象深刻。」火車快速地行駛，窗外景色一幕幕過去，我傾聽她的書評，不禁產生共鳴。

我曾經讀過一篇貝爾電話公司的研究報告。他們從一九八七年到一九九五年，追蹤該公司兩百位工作壓力大、挑戰多的中級以上員工。八年下來，發現有一半的人業績和工作表現蒸蒸日上，有一半的人較差，甚至有些人已經離職。前者工作表現佳，健康也比較好；後者則正好相反，工作與健康都不順遂。於是追蹤發生差異的原因，結果發現業績表現好的人在碰到難題和挫敗時，他們相信那是一種挑戰，只要能克服它就會有新的希望。其次，他們對克服困難胸有成竹，即便當時他們還不知道怎麼解決，但仍相信可以研究、請教別人或者與專業人員合作解決。此外，他們有較好的耐性和堅毅度，能堅持把事情做好、做完。

相對地，另一組工作表現差、身體也跟著壞下去的人，一碰到問題和困難，則嘀咕自己為什麼這麼倒楣。接著萌生「這不可能」的消極念頭，而想逃避問題。因此，他們對工作的堅持和毅力也較差。這篇研究報告，幾乎和本書所闡述的觀念不謀而合。

人怎麼解釋自己的遭遇，就怎麼過生活。你可以用熱心和服務的角度看工作，相信會愈幹愈快樂；你也可以用得過且過看事情，不久必會陷入蒼白沒有創意的死胡同。

問題背後的問題在於個人的心態。因此，失敗的意義不是問題打垮我們，而是心態作祟搞的鬼。如果你能從書中汲取教訓，就能做一個有效克服問題的聰明人。

這是一本能讓頭腦清醒、有效面對問題的好書。

初版推薦文五

這是一本學習解決問題的好書！

嚴長壽（公益平台文化基金會董事長）

《QBQ！問題背後的問題》此書深入淺出地闡述了許多企業經營的道理，並以許多實際的小故事幫助讀者更容易體會作者想傳達的意念，是一本能夠引導大家如何面對問題、並學習解決問題的好書。

實戰智慧館 451

QBQ！問題背後的問題

作　者——約翰・米勒（John G. Miller）
譯　者——陳正芬

執行編輯——陳懿文
校　對——呂佳真
封面設計——萬勝安
行銷企劃——盧珮如
出版一部總編輯暨總監——王明雪

發 行 人——王榮文
出版發行——遠流出版事業股份有限公司
104005 臺北市中山北路一段 11 號 13 樓
郵撥：0189456-1
電話：（02）2571-0297　傳真：（02）2571-0197
著作權顧問——蕭雄淋律師

2004 年 1 月 1 日初版一刷
2024 年 1 月 20 日二版二十七刷
定價——新台幣 260 元（缺頁或破損的書，請寄回更換）

ISBN 978-957-32-8212-9

ylib 遠流博識網
http：//www.ylib.com　E-mail：ylib@ylib.com

國家圖書館出版品預行編目 (CIP) 資料

QBQ 問題背後的問題／約翰・米勒（John G. Miller）著；
陳正芬譯 . -- 二版 . -- 臺北市 : 遠流 , 2018.02
面；　公分
譯自 : QBQ! : the question behind the question

ISBN 978-957-32-8212-9（平裝）

1. 策略管理　2. 行為心理學　3. 責任

494.1　　107000165